1985年	ISASがハレー彗星探査機「さきがけ」「すいせい」を打ち上げ（日本初の人工惑星）
1986年	スペースシャトル、チャレンジャー号（アメリカ）が空中分解事故を起こし、7人の宇宙飛行士が死亡
1988年	イスラエル初の人工衛星オフェク1号を打ち上げ
1990年	ISASが「ひてん」打ち上げ。日本初の月でのスイングバイに成功
	アメリカがハッブル宇宙望遠鏡を打ち上げ
	秋山豊寛が日本人宇宙飛行士としてはじめて宇宙飛行
1992年	毛利衛が日本人としてはじめてスペースシャトルに搭乗
1994年	NASDAが純国産ロケット「H-Ⅱ」1号機を打ち上げ
	向井千秋が日本人女性として初の宇宙飛行
1997年	世界初の火星探査車マーズ・パス・ファインダー（アメリカ）が火星に着陸
1998年	アメリカ、ロシア、日本、カナダ、ESAの共同で、国際宇宙ステーション（ISS）の建設が開始
2001年	NEAR（アメリカ）が小惑星エロスに着陸。世界ではじめて小惑星への着陸に成功
2003年	スペースシャトル、コロンビア号（アメリカ）が空中分解事故を起こし、7人の宇宙飛行士が死亡
	ESA初の惑星探査機、火星探査機マーズ・エクスプレスを打ち上げ
	ISAS、NAL、NASDAが統合され、宇宙航空研究開発機構（JAXA）が設立
	神舟5号（中国）を打ち上げ。ソ連、アメリカに次ぐ3番目の有人宇宙飛行を達成
2004年	スペースシップワン（アメリカ）が、民間宇宙船として初の弾道宇宙飛行
2005年	カッシーニ（ESA）から投下されたホイヘンス・プローブが土星の衛星タイタンに着陸（月以外の衛星に世界初の着陸）
2009年	イラン初の人工衛星オミードを打ち上げ
	日本がISS補給線「こうのとり」1号機を打ち上げ
2010年	2005年打ち上げの日本の小惑星探査機「はやぶさ」が地球に帰還。世界ではじめて小惑星の試料のサンプルリターンに成功
	日本の金星探査機「あかつき」が金星周回軌道投入に失敗
2011年	国際宇宙ステーション（ISS）が完成
2012年	ボイジャー1号（アメリカ）が世界ではじめて太陽圏を脱出
2013年	韓国初の人工衛星STSAT-2Cを打ち上げ
2014年	若田光一が日本人としてはじめてISSの船長に就任
2015年	日本の金星探査機「あかつき」が金星周回軌道に到達。世界初の惑星気象衛星
2016年	日本のX線天文衛星「ひとみ」が宇宙空間で分解事故を起こす
2019年	2014年打ち上げの日本の小惑星探査機「はやぶさ2」が小惑星リュウグウのタッチダウンに成功
	MOMO3号機（インターステラテクノロジズ社）が日本の民間ロケットではじめて宇宙空間に到達
	嫦娥5号（中国）が世界ではじめて月の裏側に着陸
2020年	「はやぶさ2」が地球に帰還。小惑星リュウグウのサンプルリターンに成功
2021年	太陽探査機パーカー・ソーラー・プローブ（アメリカ）が世界ではじめて太陽コロナに突入成功
	アメリカが中心となり、ジェイムズ・ウェッブ宇宙望遠鏡を打ち上げ
2024年	小型月着陸実証機SLIM（日本）が日本初の月面着陸に成功
	嫦娥6号（中国）が、世界ではじめて月の裏からのサンプルリターンに成功
	日本がH3ロケットの運用を開始する

宇宙のなぞを解き明かせ！

日本の探査機と宇宙開発技術

3

挑戦！ 国際協力と宇宙開発の未来

教育画劇

はじめに

この巻では、宇宙における国際協力を主に取り上げました。

1992年に、磁気圏尾部観測衛星 GEOTAIL（→1巻45ページ）という人工衛星が打ち上げられました。これは、当時においてはめずらしい日本とアメリカの共同ミッションでした。もともと日本で考えていた OPEN-J という観測衛星を国際的な磁気圏探査の枠組み（太陽地球系物理学国際共同観測計画：ISTP)の中でやらないか？　という誘いがアメリカからあり、そこで GEOTAIL という観測衛星を協力してつくり上げたのです。衛星本体は日本で製作、そこにのせる観測機器は日本が5つ、アメリカが3つ、打ち上げはアメリカ、フロリダ州のケネディ宇宙センターからアメリカのデルタⅡロケットによるという、完全に対等な作業分担がしかれました。GEOTAIL は20機以上の ISTP の初号機として打ち上げられ、磁気圏尾部の探査に30年以上活躍して磁気圏物理学の分野では世界的に大きな功績をのこしました。

観測衛星に機器を積むアメリカの科学者たちは、神奈川県相模原市にある文部省宇宙科学研究所（ISAS）に何か月も滞在し、さまざまな試験をおこないました。逆に打ち上げのときは、観測衛星を航空機で日本からフロリダへ輸送し、日本のチームが3か月フロリダに出かけて打ち上げの準備をして打ち上げました。

　この国際協力をやってみてしみじみわかったことは、実力のある者たちだからこそ、対等に渡り合えるというものです。宇宙の現場で、実績もなく実力もおぼつかないと思われたら、ほかの国からは相手にされません。失敗を通して宇宙の現場を学び、自力で宇宙開発を成しとげる実力のある国だけが国際協力の舞台に立てるのです。

JAXA 名誉教授
中村正人

宇宙のなぞを解き明かせ！

日本の探査機と宇宙開発技術 3

挑戦！国際協力と宇宙開発の未来

★もくじ★

※この本で紹介しているミッションには開発中・計画途上のものも多く、計画の内容や期日などは変更される可能性があります。

宇宙開発の歩み

2000年以上前の古代ギリシャでは、アリストテレスらが「宇宙の中心には地球がある」という天動説をとなえたんだ。

宇宙のなぞにいどんできた人類

古代から、人間は宇宙に魅了されてきました。星々を観察し、その動きを追うことで季節の変化を知り、農耕のタイミングを知る手がかりとして利用していました。

17世紀にはイタリアの天文学者ガリレオ・ガリレイが本格的な望遠鏡で星を観測し、ドイツの天文学者ヨハネス・ケプラーは計算によって惑星の動きを説明しました。2人は、太陽のまわりを地球がまわるという、現代につながる「地動説」を証明したのです。その後、イギリスの天文学者アイザック・ニュートンが地動説を裏づけ、より高度な望遠鏡を製作し、天文学はさらに発展していきました。

19世紀ごろからは、兵器としてロケットの開発がさかんにおこなわれるようになります。20世紀に入ると、アメリカとロシアのはげしい宇宙開発競争によって宇宙へ向かう

イタリアの天文学者、ガリレオ・ガリレイがつくった望遠鏡。
© アフロ

打ち上げロケットの開発が本格化していきました。また同時代、アルベルト・アインシュタインなどの物理学者が宇宙に関する新しい理論を次々に確立していったことで、世界は宇宙のなぞへいどむ新たな時代へと突入したのです。

1926年3月、世界初の液体燃料ロケット（写真中央）を開発したアメリカのゴダード博士。
©NASA

1943年ごろ、第二次世界大戦中のドイツが開発したV2ロケット。戦後の打ち上げロケット開発に大きな影響をあたえた。
© アフロ

人類の本格的な宇宙開発がスタート

1957年、ソ連（現在のロシア）が世界初の人工衛星スプートニク1号の打ち上げに成功し、本格的な宇宙開発がスタートしました。翌年、アメリカはNASA（アメリカ航空宇宙局）を設立。1961年には、ソ連が人類初の宇宙飛行を成功させました。このころから探査機の開発も本格化し、アメリカの探査機マリナー2号がはじめて金星に近づくことに成功します。

そして1969年、アメリカのアポロ11号が人類初の月面着陸を達成し、宇宙開発の歴史に大きな一歩を記しました。1980年代には、アメリカが宇宙を往復するスペースシャトル計画を開始し、ソ連は宇宙ステーション、ミールの運用をはじめました。

1998年からは国際宇宙ステーション（ISS）の建設がはじまり、2011年に完成。21世紀に入ると、アメリカやロシア以外による宇宙開発もさかんになりました。火星探査が活発化し、各国の探査機が火星で探査をおこなっています。さらに月や火星への有人探査、太陽系外惑星（系外惑星）への探査など、新たな挑戦がつづいています。

2025年4月現在、月面に人をはこぶことに成功したのは、アメリカのアポロ宇宙船だけなんだ。

ソ連が打ち上げた世界初の人工衛星スプートニク1号。
©NASA

1969年7月、アメリカのアポロ11号が、人類初の月面着陸に成功した。
©NASA

火星のまわりの軌道にぞくぞくと探査機が送られているけれど、探査機の着陸にも成功しているのは、アメリカ、ソ連（現在のロシア）、中国の3か国だ。

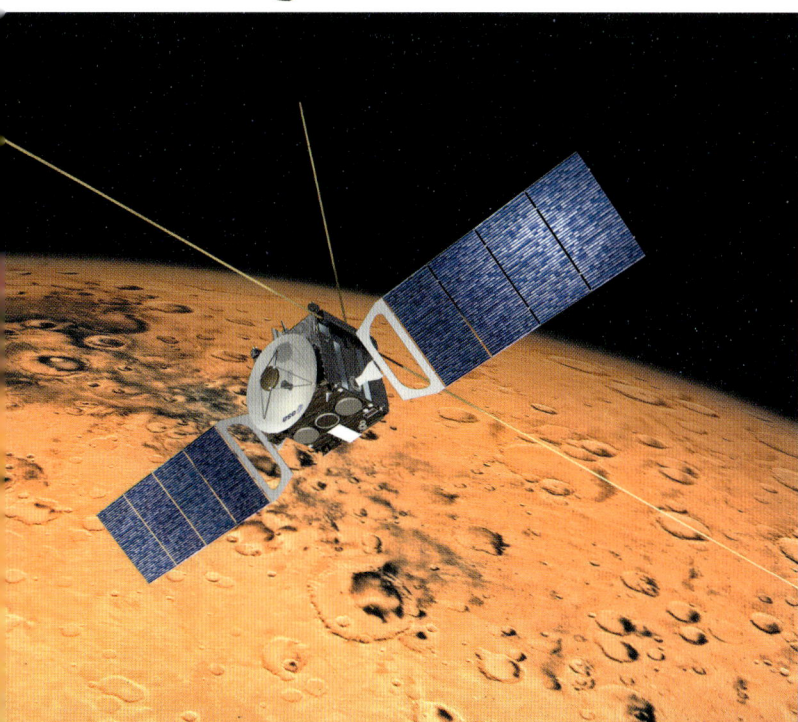

2003年に打ち上げられた、ESA（ヨーロッパ宇宙機関）初の火星探査機マーズ・エクスプレス。21世紀に入って、ヨーロッパや日本、中国などもより積極的に宇宙開発に取り組んでいる。
©ESA-D.Ducros

いつかは自由に宇宙旅行！

いつか宇宙旅行に行ってみたいよなあ

すごい訓練をしてすごい試験に受かって国にみとめられたら行けるんじゃない？

ヒナ

ユウ

キミたち！民間の宇宙旅行はもう実現しているよ！

バーン

ラピポ

えっ！

本当!?

まあ今の技術じゃ一部のお金持ちだけの話だけどね

なーんだ

でも世界中の機関がどんどん研究を進めているからね！

たとえばぼくの生まれた未来では…

いやいやそんな未来は待ちきれないよ！

今すぐ最新の研究を見に行こうよ！

わわっ！やる気だね

1章

宇宙での国際協力

国際宇宙ステーション

★基礎データ★

- **別名**：ISS (International Space Station)
- **主な目的**：宇宙という特殊な環境で、実験や研究を長期間おこなうこと。
- **大きさ**：約 108.5m ×約 72.8m
- **重さ**：約 420 トン
- **完成日**：2011 年 7 月 21 日

⭐ 宇宙における国際協力のシンボル

　国際宇宙ステーション (ISS) は、人が滞在する、人類史上最大の宇宙実験施設です。サッカー場くらいの大きさで、地球の約400km 上空をまわっています。アメリカやロシア、日本、カナダとヨーロッパの 11 か国（イギリス、イタリア、オランダ、スイス、スェーデン、スペイン、デンマーク、ドイツ、ノルウェー、フランス、ベルギー）が協力して建設し、運用しています。

　重力がほとんどないことを利用した実験をおこなったり、地球や天体を観測したりする場として、さまざまな国の宇宙飛行士が活動しています。現在 ISS は宇宙飛行士 6 人体制で運用されていて、これまでに ISS には、250 人をこえる宇宙飛行士や旅行者がおとずれています。

1998 年 11 月 20 日に打ち上げられた、ISS の最初の構成要素であるロシアのモジュール「ザーリャ」。
©NASA

■ ISS の構成

ISSでは宇宙飛行士 3 人が、通常約半年間ごとに交代しながら滞在しているんだって。

ISSの歩みと今後

ISSは、「モジュール」という構造物でできています。1998年に最初のモジュールとなるロシアの「ザーリャ」が打ち上げられ、宇宙空間での建設がはじまりました。ザーリャは通信や電力供給などの機能を持ち、熱や気圧を一定にたもつ基本のモジュールです。2000年からは宇宙飛行士の滞在がはじまりました。

その後、アメリカの実験棟「デスティニー」、ヨーロッパの実験棟「コロンバス」、日本の実験棟「きぼう」（→12ページ）がとりつけられ ISSは拡大していき、2011年に建設が完了しました。ISSは2030年までの運用が決定していて、今後は民間主導による運用も検討されています。

1984年、当時のアメリカのレーガン大統領が「人が生活できる宇宙基地を10年以内に建設する」と発表し、ISSの建設がはじまったんだ。

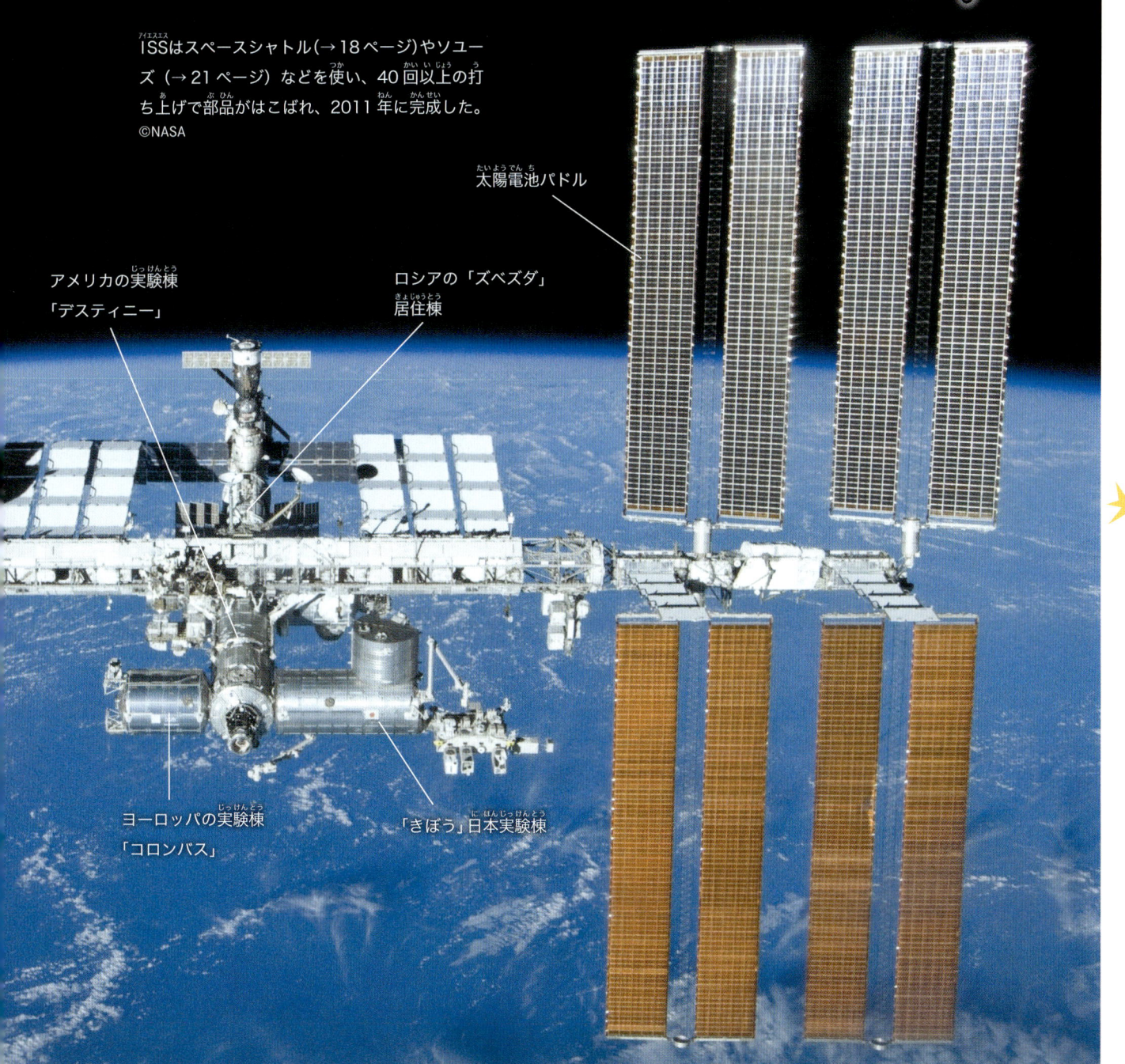

ISSはスペースシャトル（→18ページ）やソユーズ（→21ページ）などを使い、40回以上の打ち上げで部品がはこばれ、2011年に完成した。
©NASA

太陽電池パドル

アメリカの実験棟
「デスティニー」

ロシアの「ズベズダ」
居住棟

ヨーロッパの実験棟
「コロンバス」

「きぼう」日本実験棟

最先端の研究をおこなう宇宙の実験場

「きぼう」日本実験棟

★基礎データ★

- 主な目的：宇宙という特殊な空間を生かした実験や観測をおこなうこと。
- 大きさ：直径 4.4m、長さ 11.2m（船内実験室）
- 完成日：2009 年 7 月 19 日

2023 年 2 月 20 日、国際宇宙ステーション（ISS）から撮影された「きぼう」日本実験棟。
画像提供：JAXA／NASA

船外の実験施設には、さまざまな観測装置がとりつけられるんだ。

日本初となる、人の滞在する宇宙施設

日本が開発した「きぼう」日本実験棟は、長さが約 20m もある、ISS最大の施設です。船内の実験室と船外の実験施設があり、長さ 10m をこえる船内の実験室は、宇宙服なしに宇宙飛行士が活動することができます。

「きぼう」には、倉庫の役割を持つ船内保管室と、宇宙専用のロボットアームがあります。ロボットアームを使って、船外の実験施設の装置の交換などをおこないます。

「きぼう」の部品はスペースシャトル（→ 18 ページ）で 3 回に分けて宇宙へとはこばれ、土井隆雄さん、星出彰彦さん、若田光一さんという 3 人の日本人宇宙飛行士によって組み立てられ、2009 年に完成しました。

宇宙で新しい薬品のもとを開発

「きぼう」では、重力が小さな環境を生かした実験や研究開発をおこなったり、宇宙から地球を観察して環境問題や災害への対策に役立つ情報を集めたりしています。これまで、タンパク質の結晶の作成や、ガラスがつくられるしくみの観測などを通して、新しい薬品や素材の開発に貢献してきました。さらに、宇宙飛行士の骨や筋肉の変化を調べて「骨粗しょう症」という骨がもろくなる病気の治療法開発に役立てています。2024年12月現在、359機以上の小型人工衛星を、「きぼう」から宇宙に放出しています。

また、日本の補給機「こうのとり」はISSへと荷物をはこび、ISSでの活動をささえていました。「こうのとり」は、ISSの活動に欠かせない大型のバッテリーや、宇宙飛行士の健康をささえる新鮮な野菜やくだものなどをつみ、一度に6トンもの荷物を届けました。

「きぼう」日本実験棟の船内実験室で実験をおこなう宇宙飛行士の金井宣茂さんとマーク・ヴァンデハイさん。
画像提供：JAXA/NASA

宇宙ステーション補給機「こうのとり」9号機。
©JAXA

宇宙空間で、「こうのとり」をISSのロボットアームでつかんでいるところ（2020年5月）。
画像提供：JAXA/NASA

「きぼう」を見よう！

「きぼう」は、地上からは明るく動く星のように見えます。肉眼でも簡単に見つけられるので、観察してみましょう。まずウェブサイトや「きぼう」予報アプリで、住んでいる地域からISSが見える日時を確認します。ISSがどの方角からあらわれ、どのくらいの高さを通るのかを調べておくと便利です。

ISSが見える時間は数分間と短いので、タイミングを逃さないようにしましょう。観察には、街灯などの光が少ない場所がおすすめです。

https://lookup.kibo.space/

小型人工衛星は、「きぼう」のロボットアームを使って宇宙へと放出されているんだね。

宇宙への挑戦者
宇宙飛行士になるには?

宇宙へ挑戦してきた人たち

古くから、人類は宇宙へ旅することを夢見てきました。挑戦の物語は 1961 年、ソ連（現在のロシア）の宇宙飛行士ユーリ・ガガーリンがはじめて宇宙に行ったことではじまりました。わずか 1 時間 48 分の飛行でしたが、人類にとっては新時代の幕開けとなりました。1969 年、NASA（アメリカ航空宇宙局）のアポロ 11 号に乗ったニール・アームストロングとバズ・オルドリンが、人類初の月面着陸に成功します。その後、宇宙に長期滞在する宇宙飛行士もふえ、1994〜1995 年には、ロシアの宇宙飛行士が宇宙滞在 437 日間を達成しました。

日本人では 1990 年にテレビ局員の秋山豊寛さんが初の宇宙飛行をおこない、1992 年には毛利衛さんがスペースシャトルで国際宇宙ステーション（ISS）へ、1994 年には日本人女性ではじめて向井千秋さんがスペースシャトルに乗りました。2013 年には若田光一さんが日本人初の ISS 船長をつとめ、日本人宇宙飛行士の活躍がつづいています。

世界ではじめて宇宙から地球を見たガガーリンは「地球は青かった」と話したといわれている。
©NASA

2023 年には米田あゆさんと諏訪理さんの 2 人が新たに宇宙飛行士に選ばれました。今後 2 人は ISS での活動だけでなく、アルテミス計画（→ 19 ページ）の月面探査などにも参加する予定です。

日本人初の宇宙飛行をおこなったのはテレビ局員の秋山豊寛さんで、1990 年に商業宇宙飛行でソ連のソユーズ宇宙船に乗りこんだよ。

1992 年 9 月、日本人としてはじめてスペースシャトルに搭乗して宇宙に行った毛利衛さん。
画像提供：JAXA/NASA

宇宙飛行士になるためのきびしい試験

日本の宇宙航空研究開発機構（JAXA）は、数年おきに宇宙飛行士の選抜試験をおこなっています。

試験は1年ほどをかけておこなわれます。選抜試験は、まず書類審査からはじまります。通過すると、英語のテストや医学検査、プレゼンテーション試験などがあります。ときには、問題を解決する能力やチームワーク力などを見るために、変わった課題も出されます。たとえば過去には、グループで「脱獄計画を立てる」といった課題が出されたこともありました。2021年度募集の選抜では4127人の応募がありましたが、2023年に最終的に合格したのは米田さんと諏訪さんのわずか2人。とてもきびしい試験です。

選抜試験に合格したあとは、訓練が待っています。飛行

これまでの宇宙飛行士にはパイロットや科学者、技術者などが求められていたけれど、2021年度の試験からは学歴不問になったんだって。

機や宇宙船の操縦方法を学び、英語やロシア語の勉強なども必要です。宇宙船が想定外の場所に着陸したときにそなえ、テントの設営や火起こしなどをおこなうサバイバル訓練も欠かせません。こうした訓練を終えると、ようやくJAXAから宇宙飛行士と認定されるのです。

2021年度の選抜試験では、グループごとに探査車をつくり、月面そっくりにつくられた砂の上で操縦する試験がおこなわれたそうだよ！

サバイバル訓練をおこなう諏訪理さん（2024年）。
©JAXA/SpaceBD

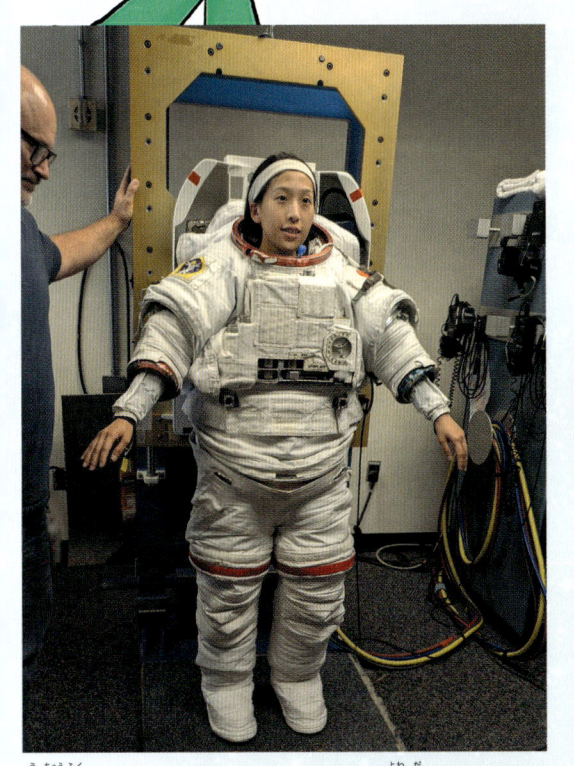

宇宙服のフィットチェックをおこなう米田あゆさん。宇宙服の重さは100kgをこえる（2024年）。
©JAXA

油井亀美也さん、大西卓哉さん、金井宣茂さんの3人の宇宙飛行士が参加した地質学訓練のようす。宇宙飛行士に認定されたあとも、幅広い知識や技術の向上が求められる（2021年）。
©JAXA

世界の宇宙開発機関

世界には、宇宙開発の研究を進めているさまざまな機関があります。ここでは日本のJAXAをはじめ、国際宇宙ステーション（ISS）計画への参加機関を中心に紹介します。

世界をリードする観測衛星を宇宙へ
宇宙航空研究開発機構（JAXA）

日本の宇宙開発をリードする組織が、宇宙航空研究開発機構（JAXA）です。固体燃料ロケットとそれに搭載する衛星や探査機を開発する宇宙科学研究所（ISAS）、航空技術を開発する航空宇宙技術研究所（NAL）、大型ロケットと実用衛星を開発する宇宙開発事業団（NASDA）の3つが合わさり、2003年に誕生しました。

2010年には、小惑星探査機「はやぶさ」（→1巻27ページ）が小惑星イトカワから世界ではじめてのサンプルリターンに成功。2007年打ち上げの月周回衛星「かぐや」（→1巻13ページ）は、月のくわしい地形データを調べ、大きな成果をあげました。国際宇宙ステーション（ISS）へ荷物をはこぶ無人補給機「こうのとり」（→13ページ）は、国際的にも高い評価を得ています。また、日本人宇宙飛行士の選抜や訓練などもおこなっています。

★基礎データ★
- **英語名称**：Japan Aerospace Exploration Agency
- **設立**：2003年10月
- **本部**：東京都調布市（本社所在地）
- **主な施設**：筑波宇宙センター、相模原キャンパス、種子島宇宙センター、内之浦宇宙空間観測所など

全長50mのH-Ⅱロケットの実機が見られる、筑波宇宙センターのロケット広場。後ろに見えるのはJAXA総合開発推進棟。
©JAXA

2025年2月現在、JAXAには7人が現役の日本人宇宙飛行士として所属しているよ。

宇宙の無重力空間の環境を再現した水中で、船外活動の訓練をおこなう日本人宇宙飛行士の大西卓哉さん。
画像提供：JAXA/NASA/Bill Stafford

新しいロケットで活躍の場を広げる

2024 年からは新しい主力ロケットの H3 ロケットが加わり、地球観測衛星の「だいち 4 号」（→ 2 巻 30 ページ）や測位衛星の「みちびき」6 号機（→ 2 巻 37 ページ）など、新しい人工衛星をぞくぞくと宇宙へ届けています。2024 年には小型月着陸実証機 SLIM（→ 1 巻 12 ページ）が世界ではじめて月面へのピンポイント着陸に成功し、火星衛星探査計画 MMX（→ 1 巻 36 ページ）では、各国と協力し火星からのサンプルリターンもおこなう予定です。日本の宇宙飛行士も活躍していて、ISS に長期滞在し、若田光一さん、星出彰彦さん、大西卓哉さんが船長をつとめるなど、重要な仕事をまかされています。

なお、ISS への荷物は長く活躍した「こうのとり」にかわり、新型の「HTV-X」がはこぶ予定です。HTV-X は、国際月探査プロジェクト「アルテミス計画」（→ 19 ページ）で予定される新しい宇宙ステーションとなる、月周回有人拠点 Gateway へ荷物をはこぶ役割も期待されています。

2025 年 2 月、「みちびき」6 号機をのせて新型の H3 ロケットが種子島宇宙センターから打ち上げられた。2024 年 7 月には「だいち 4 号」の H3 ロケットによる打ち上げにも成功している。
©JAXA

2024 年 12 月に公開された新型宇宙ステーション補給機「HTV-X」1 号機。
©JAXA

アルテミス計画では、米田あゆさん、諏訪理さんといった日本人宇宙飛行士の活躍も期待されてるんだって！

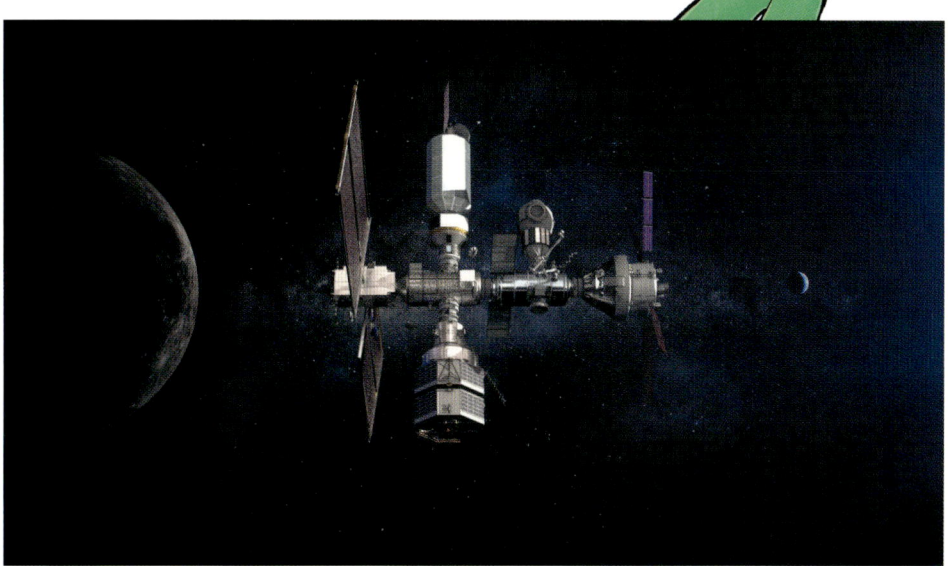

月周回有人拠点 Gateway のイメージ。大きさは ISS の 6 分の 1 程度で、アルテミス計画の重要な拠点として、2026 年以降に打ち上げ・組み立てが開始される予定。
©NASA

世界の宇宙開発を先導する宇宙機関
NASA（アメリカ航空宇宙局）

NASA（アメリカ航空宇宙局）は 1958 年に設立されたアメリカの政府機関です。有人宇宙飛行や惑星探査など、宇宙科学の幅広い分野で世界の先頭を走り、数多くの実績をのこしてきました。

1969 年には、アポロ 11 号による人類初の月面着陸に成功。1977 年打ち上げのボイジャー探査機は太陽系の外側へ向かい、天王星や海王星などの遠い惑星の姿を、はじめて間近でとらえました。また、世界初の再使用型宇宙機のスペースシャトルを開発して数多くの人工衛星や宇宙飛行士を宇宙にはこびました。

1990 年に打ち上げられたハッブル宇宙望遠鏡はあざやかな宇宙の姿を地球へと届け、天文学の発展に貢献しています。火星探査車キュリオシティは 10 年以上にわたり火星を調査し、水のあとを発見しました。

★基礎データ★

- ●**正式名称**：National Aeronautics and Space Administration
- ●**設立**：1958 年 10 月 1 日
- ●**本部**：ワシントン D.C.（アメリカ）
- ●**主な施設**：ゴダード宇宙飛行センター、ケネディ宇宙センター、ジョンソン宇宙センターなど

ゴダード宇宙飛行センター。1959 年に NASA で最初の宇宙飛行センターとして設立され、人工衛星の開発・運用などをおこなっている。
©NASA Goddard/Bill Hrybyk

ボイジャー探査機。太陽系の外に出ることに成功し、2025 年現在も稼働しつづけている。
©NASA/JPL-Caltech

荷物をたくさんつめるスペースシャトルは、大型人工衛星の打ち上げや ISS の建設にも力を発揮したんだって。

スペースシャトル、アトランティス号。スペースシャトルは 1981 〜 2011 年の 30 年にわたって活躍した。
©NASA

ふたたび人を月へ、そして火星の有人探査へ

NASAは、ふたたび人を月に送る国際月探査プロジェクト「アルテミス計画」を進めています。月での開発や探査を継続的におこなう計画で、将来的には火星への有人探査をめざします。現在は月面着陸の候補地などを調べたり、有人宇宙船オリオンの無人飛行の試験をしたりと、着実に準備が進められています。

また火星では、火星探査車パーシビアランスが世界ではじめて岩石を採集し、容器に保存しました。今後、ESA（ヨーロッパ宇宙機関）と協力して容器を回収し、火星サンプルリターンをおこなう計画です。2021年に打ち上げたジェイムズ・ウェッブ宇宙望遠鏡は、宇宙ができたばかりのころの銀河を観察するなどの新しい成果を得ています。太陽探査機パーカー・ソーラー・プローブは歴史上でもっとも太陽に近づき、すぐ近くから太陽の活動を調べています。近年では、民間とも協力しながら、世界の宇宙開発をリードしています。

2026年4月に予定しているアルテミス2号で有人ミッションをおこない、2027年以降のアルテミス3号では有人月面着陸にいどむんだ！

2022年12月5日、アルテミス1号から切りはなされ、月面に接近するオリオン宇宙船。
©NASA

Hubble　　Webb

地球から約21万光年先の星団NGC346を、ハッブル宇宙望遠鏡（左）とジェイムズ・ウェッブ宇宙望遠鏡（右）で撮影した画像をならべたもの。ジェイムズ・ウェッブ宇宙望遠鏡は星団の雲をつきやぶって、繊維がねじれたような星団の構造を明らかにしている。
©NASA, ESA, CSA, STScI, Olivia C. Jones (UK ATC), Guido De Marchi (ESTEC), Margaret Meixner (USRA), Antonella Nota (ESA)

ヨーロッパの総力で宇宙探査 ESA（ヨーロッパ宇宙機関）

ESA（ヨーロッパ宇宙機関）は、ヨーロッパ各国が共同で宇宙開発を進める機関として1975年に設立され、現在では20か国以上が参加しています。主力ロケットのアリアンは毎年数多くの人工衛星を宇宙へとはこんでいます。国際宇宙ステーション（ISS）の重要な参加機関の一つです。

ESAの宇宙望遠鏡ガイアは全天の星の動きを観測し、天の川銀河の正確な3次元地図の作成に貢献しました。また彗星探査機ロゼッタは、2014年にチュリュモフ・ゲラシメンコ彗星への着陸に世界ではじめて成功。惑星探査計画も多く、2023年打ち上げの木星氷衛星探査計画 ガニメデ周回衛星JUICE（→1巻18ページ）を日本などの協力も得て主導しているほか、NASA（アメリカ航空宇宙局）と協力する火星サンプルリターン計画などが進んでいます。

1996～2023年の長期間運用されたESAの打ち上げロケット、アリアン5。2024年7月には、後継機のアリアン6（→2巻17ページ）の打ち上げにも成功している。
©ESA/CNES/ARIANESPACE/Activité Photo Optique Video CSG-2008

チュリュモフ・ゲラシメンコ彗星に接近するESAの彗星探査機ロゼッタ。
©ESA/ATG medialab;Comet image:ESA/Rosetta/Navcam

急成長するインドの宇宙開発を主導 ISRO（インド宇宙研究機関）

ISRO（インド宇宙研究機関）は、インド宇宙省に属する政府機関です。1975年にインド初となる人工衛星アーリヤバッタを打ち上げて以降、通信衛星や地球観測衛星の開発や運用を進めました。国際宇宙ステーション（ISS）の参加機関の一つです。

2008年には月探査機チャンドラヤーン1号を打ち上げ、月面の水の存在を確認する大きな成果をあげました。近年は火星探査や太陽観測の分野にも進出しています。2023年にはチャンドラヤーン3号が世界ではじめて月の南極近くへの着陸に成功し、インドは世界で4番目に月面着陸をなしとげた国となりました。有人宇宙飛行計画「ガガンニャーン」も進めら

れており、将来的には独自の宇宙ステーションの建設や有人月面着陸もめざしています。

大国ロシアの宇宙開発をになう　ロスコスモス

ロスコスモスは、ロシアの宇宙開発を担当する国営企業です。2016年に、ロシア連邦宇宙局と民間宇宙企業を合わせてつくられました。

ロシアの宇宙開発は、国の前身であるソビエト連邦時代にその基礎が築かれました。1957年、世界初の人工衛星スプートニク1号を打ち上げ、1961年にはガガーリンが人類初の宇宙飛行を達成。1986年からは宇宙ステーション、ミールを15年間にわたり運用しました。

国際宇宙ステーション（ISS）には2028年まで協力することが決定しており、荷物や宇宙飛行士をソユーズ宇宙船ではこぶ重要な役割をになっています。現在は、次世代有人宇宙船オリョールの開発も進められています。

> 中国と共同で、「国際月面科学研究ステーション」の建設計画も進められているんだって。

★基礎データ★
- ●**正式名称**：State Space Corporation: ROSCOSMOS
- ●**設立**：2016年1月1日
- ●**本部**：スターシティ（ロシア）
- ●**主な施設**：バイコヌール宇宙基地、ボストチヌイ宇宙基地など

多くの日本人宇宙飛行士を宇宙まではこんだソユーズ宇宙船。
©NASA

独自の宇宙計画を進める　中国国家航天局（CNSA）

中国国家航天局（CNSA）は宇宙開発をおこなう中国の政府機関です。中国の宇宙開発は1970年の人工衛星「東方紅1号」にはじまり、独自の計画を進めてきました。国際宇宙ステーション（ISS）には参加していません。

2003年には有人宇宙船「神舟5号」が地球周回軌道飛行に成功し、2013年の「嫦娥3号」で月面に着陸。2020年には「嫦娥5号」がNASAのアポロ計画以来44年ぶりに月からのサンプルリターンを実現しました。さらに2024年には「嫦娥6号」が、史上初となる月の裏側からのサンプルリターンも達成しています。

火星探査の分野では、2021年には火星探査機「天問1号」が火星に着陸。新たな宇宙ステーション「天宮」の建設もはじまっています。今後は2030年の有人月面着陸をめざしており、次世代宇宙船「夢舟」と月着陸船「攬月」の開発を進めています。

★基礎データ★

- ●**正式名称**：China National Space Administration
- ●**設立**：1993年6月
- ●**本部**：北京（中国）
- ●**主な施設**：北京航天飛行制御センター、酒泉衛星発射センターなど

2024年6月、世界ではじめて月の裏側からのサンプルリターンに成功した「嫦娥6号」。
©CNSA／新華社／アフロ

民間企業がぞくぞくと宇宙開発に参加！
成長する宇宙ビジネス

　かつては国主導でおこなわれていた宇宙産業に、今ではぞくぞくと民間企業が参加。それぞれの企業が、新しいアイデアや技術で宇宙ビジネスに新時代を切りひらいています。

　たとえばアメリカのスペースX社は、ロケット打ち上げ時に地上に落ちてもどってきた第1ブースターを回収するシステムで、ロケットの再利用をはかります。再利用によって宇宙への輸送にかかる費用をおさえ、火星への有人飛行、さらには火星への移住もめざそうとしているのです。ほかにも、宇宙ごみ（スペースデブリ→39ページ）の回収に取り組む企業や、月面の資源を開発する企業などが注目を集めています。

　宇宙産業の規模はどんどん拡大していて、2040年には1兆ドル（日本円で約140兆〜150兆円）以上の規模に達するという予測もあります。宇宙での仕事が将来、ますます身近なものになりそうです。

2024年10月、アメリカ・テキサス州でおこなわれたロケット打ち上げ実験のようす。燃料をほぼ使いはたして地上に降下するブースターを、「チョップスティックス（箸）」とよばれる2本の巨大な金属で回収することに成功した。

© ロイター / アフロ

■宇宙産業の市場規模の移りかわりの予測

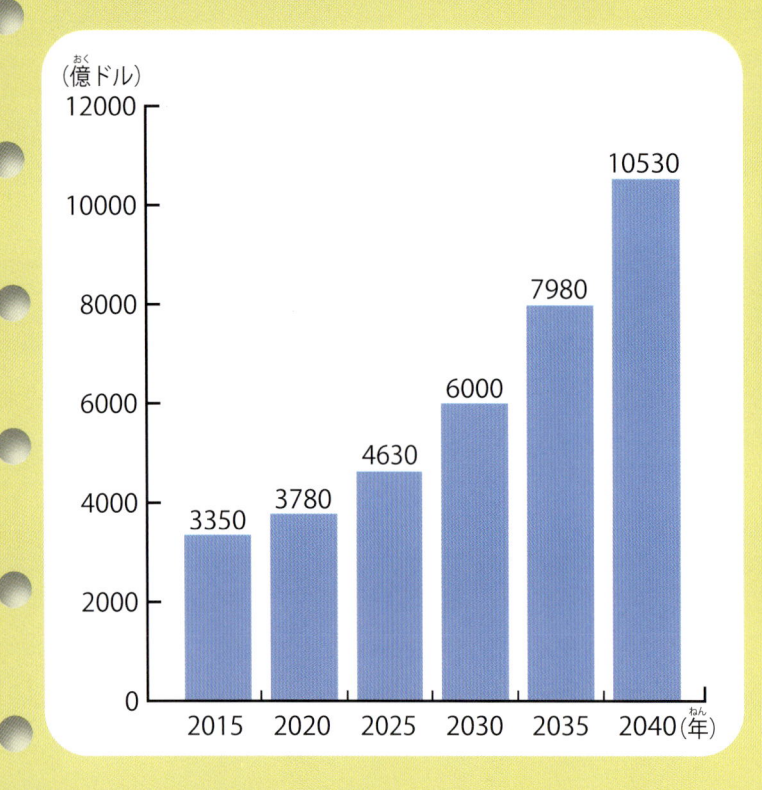

（億ドル）

年	2015	2020	2025	2030	2035	2040
億ドル	3350	3780	4630	6000	7980	10530

宇宙開発にかかわる民間企業ではたらく人もどんどんふえてきそうだね。ぼくも宇宙の仕事についてみたいな！

2020年以降は予測値。約20年で、およそ3倍の規模まで成長すると予測されている。

資料：Haver Analytics,Morgan Stanley Research

2章

宇宙開発の未来と国際協力プロジェクト

宇宙開発の今と未来

さまざまな国による宇宙開発が進み、宇宙の利用は私たちにとって身近なものになっています。気軽に宇宙へ旅行し、宇宙ではたらく未来も近いかもしれません。宇宙開発の今と未来を見てみましょう。

世界中が宇宙開発に乗りだす

現在、宇宙開発の舞台はアメリカやロシア、ヨーロッパや日本だけでなく、さまざまな国に広がりを見せています。中でも中国とインドの勢いはすさまじく、どちらも自分たちの宇宙ステーションの建設や、月に人を送る計画を発表しています。とくに中国は2030年までの月面着陸を目標にかかげるなど、宇宙強国をめざす動きを強めています。一方で国どうしの協力もふえ、複数の国が共同で開発した探査機を使い、火星や木星、さらに遠くの宇宙を探査する計画がいくつも進行しています。

また、民間企業もぞくぞくと宇宙開発に乗りだしています。地球のデータを観測する人工衛星の開発・運用をおこなったり、月へと探査機を送ったりする民間企業も出てきました。こうした動きから、宇宙ビジネスが今、成長産業として大きな注目を集めています。国と民間企業がいっしょになり、宇宙開発は急速な進化をとげているのです。

2022年11月に完成した、中国の宇宙ステーション「天宮」のイメージ。2025年現在、3人の宇宙飛行士が滞在している。

ロケットで荷物を宇宙にはこんだり、月の資源を開発したりと、宇宙での仕事はどんどんふえているんだ。

2024年2月、アメリカのインテュイティブ・マシーンズ社の月着陸船オデュッセウスが、民間企業として初の月面着陸に成功した。
©Intuitive Machines/ZUMA Press/ アフロ

月に旅行し、住む時代へ !?

宇宙はすでに、私たちにとって遠い存在ではありません。たとえばスマートフォンで位置情報がわかるのは、GPS のような測位衛星（→ 2 巻 37 ページ）のおかげです。通信衛星（→ 2 巻 36 ページ）による広範囲のインターネット網、気象衛星（→ 2 巻 35 ページ）による天気予報の精度の向上など、もはや私たちの便利な生活は、宇宙からの情報なしでは考えられません。

ほかにも宇宙ビジネスはさまざまな分野で進んでいて、アメリカやロシア、日本や中国などの民間企業による「宇宙ホテル」の建設計画も進んでいます。私たちが気軽に宇宙旅行に行ける未来は、もうすぐそこまで来ています。今後、月面に人が住むような時代が来れば、輸送や医療、農業、資源開発などますます宇宙の仕事がふえていきます。そして私たちにとって、宇宙はどんどん身近なものになっていくにちがいありません。

自動車のカーナビを使用してまよわずに移動できるのも、宇宙空間にある GPS衛星などの測位衛星によって位置情報を取得しているから。

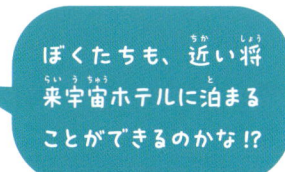

ぼくたちも、近い将来宇宙ホテルに泊まることができるのかな !?

宇宙で人がくらすようになったら、地球と同じような仕事が宇宙でも必要になってくるのかな。

日本の民間企業、清水建設が構想している宇宙ホテル（左）と客室（上）のイメージ。104 の客室モジュールや無重力エリアなどで構成される全長 240m の巨大構造物で、完成時期は未定だが、「宇宙旅行時代」を見すえた計画が進められている。
© 清水建設

マイクロ波背景放射偏光観測宇宙望遠鏡
LiteBIRD（ライトバード）

★基礎データ★

- ●主な目的：宇宙誕生初期に発生したと考えられている「インフレーション」を実証するための原始重力波の観測
- ●重さ：2.6トン
- ●ロケット：H3ロケット（予定）
- ●打ち上げ目標：2032年度ごろ

LiteBIRD（ライトバード）のイメージ。
©JAXA

宇宙は誕生した直後に、光よりも速い速度で急激にふくらんだと考えられているんだ。

宇宙誕生直後の痕跡を見つけだす！

宇宙は約138億年前の誕生後すぐに、ものすごい速さで急激にふくらんだと考えられています。この説を「インフレーション」といいます。インフレーションがはたして本当に起きたのか、マイクロ波背景放射偏光観測宇宙望遠鏡LiteBIRDは、その手がかりをさがします。

この説では、宇宙が急激にふくらむと時空のゆがみがさらに拡大され、「原始重力波」という特別な波が発生すると考えられています。原始重力波そのものは今ではとても弱く、直接観測することはできませんが、LiteBIRDは4500個ものセンサーを使ってその痕跡を見つけようとしています。もしインフレーションが起きていたという動かぬ証拠を発見すれば、世界ではじめてのことです。

超低温まで冷やして弱い信号をキャッチ

宇宙誕生のなぞにせまるために、宇宙マイクロ波背景放射（CMB）という宇宙のはじまりごろに出た光（電磁波）が手がかりになります。CMBは1965年に発見され、これまでにNASA（アメリカ航空宇宙局）のCOBE衛星・WMAP衛星や、ESA（ヨーロッパ宇宙機関）のPlanck衛星などの、CMB観測を目的とした観測衛星が成果をあげました。

LiteBIRDも、CMBの観測を通じて原始重力波を調べる人工衛星です。LiteBIRDは、「Bモード」とよばれる原始重力波の特殊な痕跡の観測をめざしています。その痕跡はとても弱いため、発見するにはきわめて高い感度で精密に観測する必要があります。そこでLiteBIRDには、超伝導検出器という特別なセンサーが4500個もそなえられます。しかも観測への熱の影響をおさえるため、望遠鏡は−268℃に冷やした状態がたもたれます。

LiteBIRDは、地球から150万kmはなれた地点で3年間の観測をおこなうと予定されています。計画は日本の宇宙航空研究開発機構（JAXA）の主導で各国の宇宙開発機関とともに進められており、打ち上げは早くて2032年度の予定です。

2001年から約10年間運用されたWMAP衛星。
©NASA/WMAP Science Team

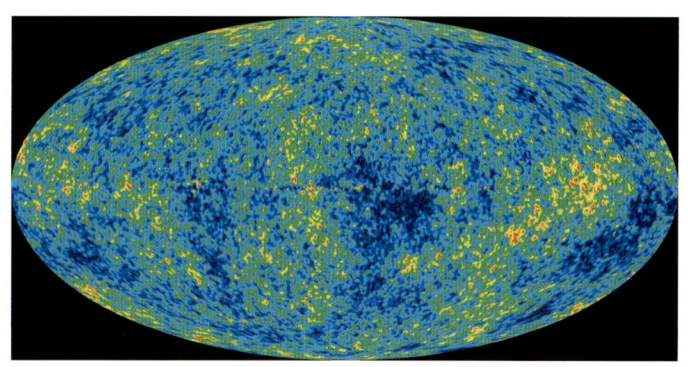

WMAP衛星の観測データによって作成された、約138億年前のCMBの温度のゆらぎをしめした全天地図。この温度のむらが「種」となって、長い時間をかけて銀河に進化していったと考えられている。
©NASA/WMAP Science Team

■インフレーション理論をもとにした宇宙誕生のイメージ図

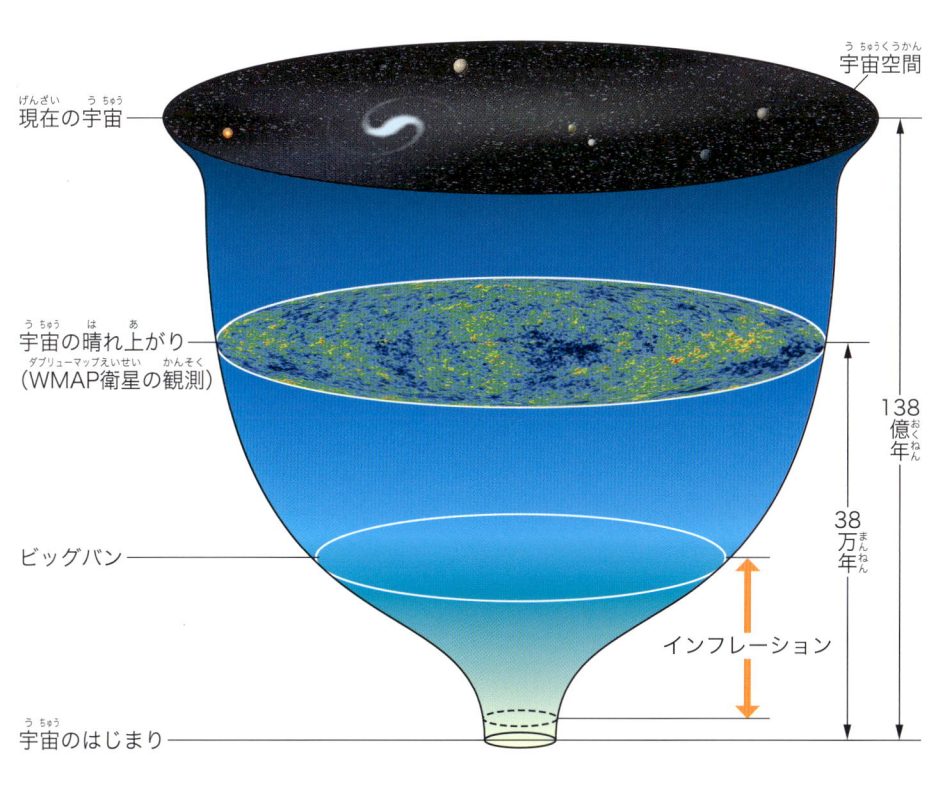

現在の宇宙

宇宙空間

宇宙の晴れ上がり
（WMAP衛星の観測）

ビッグバン

宇宙のはじまり

138億年

38万年

インフレーション

もしインフレーションの証拠が見つかれば、ノーベル賞まちがいなしの大発見といわれているんだって！

約138億年前、誕生直後の宇宙はインフレーションによって急激に膨張したあと大爆発（ビッグバン）を起こして超高熱状態になった。その後、時間とともに冷えていき、現在のような宇宙の姿になっていったと考えられている。

銀河の中まで見通す
赤外線位置天文観測衛星
JASMINE
ジャスミン

★基礎データ★
- ●主な目的：赤外線望遠鏡による、天の川銀河の中心の星々の観測や太陽系外の地球型惑星の探査
- ●大きさ：30cm（望遠鏡の主鏡直径）
- ●ロケット：イプシロンロケット（予定）
- ●打ち上げ目標：2031年度ごろ

JASMINE のイメージ。
©NAOJ

JASMINEの精度は、100km先の人の髪の毛1本の、さらに10分の1の太さも観測できるほどなんだ。

世界ではじめて赤外線で星の位置をはかる

JASMINE は、主鏡直径 30cm の望遠鏡で赤外線を利用し、星の位置をくわしくはかる観測衛星です。赤外線を使う位置観測衛星はこれまでになく、JASMINE が成功すれば世界初となります。赤外線は、ちりなどにかくれた星も見通すことができます。そのため、これまで見ることがむずかしかった銀河系の中心部の星々のようすも観測できます。

星は、それぞれ別々の方向に独自に動いています。JASMINE で星の位置とその変化をくわしくはかると、その星の性質を調べることができます。ほかにも、たくさんの星の位置をはかることで、天の川銀河の構造や、銀河のでき方などを明らかにすることが期待されています。JASMINE によって、これまでにない成果が得られるのを世界中が注目しているのです。

ブラックホールのなぞをまわりの星から解き明かす

星の位置をはかることは、2000年以上前、紀元前約150年の古代ギリシャの時代からおこなわれてきました。その後1718年にイギリスの天文学者ハレーが、星の位置とその変化から星が独自に動いているのを発見し、「位置天文学」はいちじるしく発展します。近年ではESA（ヨーロッパ宇宙機関）の宇宙望遠鏡ガイアが、約10億個の星々の位置観測をおこないました。

そしてJASMINEは、これまでになく細かく位置をはかることができるので、大きななぞにいどむことが可能です。その一つが、天の川銀河の中心部の歴史を解き明かすことです。天の川銀河の中心には、巨大なブラックホールがあることがわかっています。まわりの星たちの動きをはかり、巨大ブラックホールから受ける影響を調べることで、巨大ブラックホールがどうつくられたのかを解明するのです。

JASMINEはほかにも、星のわずかな位置の変化から爆発などの星の活動をさぐったり、生命がすめるような地球に似た環境の星をさがしたりする予定です。

2013年にESAが打ち上げた宇宙望遠鏡ガイアのイメージ。JASMINEよりも波長の短い可視光帯での観測をおこなった。
©ESA-D. Ducros, 2013

■ JASMINEで観測できる波長域

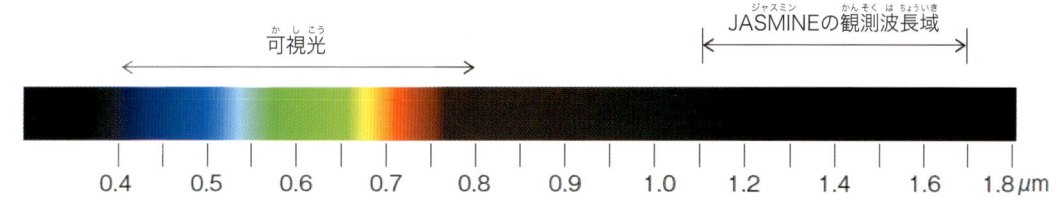

可視光 ← → JASMINEの観測波長域 ← →

0.4　0.5　0.6　0.7　0.8　0.9　1.0　1.2　1.4　1.6　1.8μm

JASMINEは、目で見える可視光よりも長い波長の赤外線を用いて観測をおこなう。これによって、可視光では見ることができなかった天の川銀河の中心領域の観測が可能となる。

たくさんのちりでおおわれてくわしく見ることがむずかしい天の川銀河の中心部も、JASMINEなら観測できるんだって！

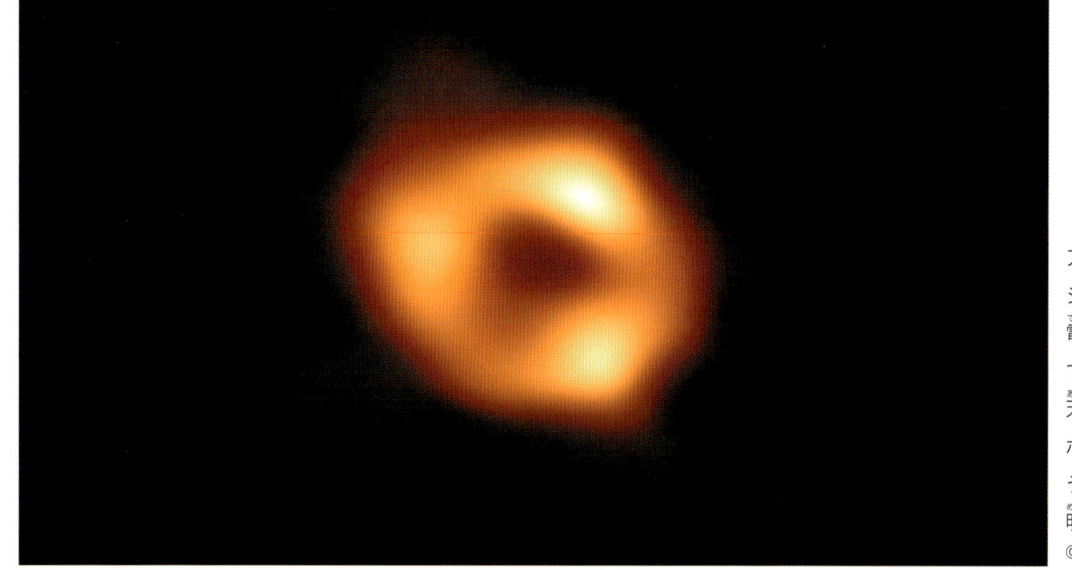

アルマ望遠鏡（→2巻42ページ）をはじめとする地球規模の電波望遠鏡ネットワークによって歴史上はじめて撮影された、天の川銀河中心部のブラックホール。JASMINEは、このようなブラックホールのなぞを解明することが期待されている。
©EHT Collaboration

2つの目で宇宙はじめの星をさぐる
ガンマ線バーストを用いた
初期宇宙・極限時空探査衛星
HiZ-GUNDAM
（ハイズィー）（ガンダム）

★基礎データ★
- ●主な目的：ガンマ線バーストを観測し、宇宙のはじめごろの星の一生や銀河間ガスのしくみを解明すること
- ●ロケット：イプシロンロケット（予定）
- ●打ち上げ目標：2033年度以降

★ 星の大爆発「ガンマ線バースト」を観測

HiZ-GUNDAM は、宇宙のはじめのころの星のようすを調べる日本の将来計画です。大質量の星は、一生の最期に「ガンマ線バースト」とよばれる大爆発を起こします。寿命が短い大質量の星のガンマ線バーストはとても明るく、遠くからでも観測できます。つまり、宇宙のはじめのころの星を観測することができるのです。さらに、ガンマ線バーストを宇宙を照らすスポットライトのように使うことで、宇宙のはじめごろの銀河間のガスのようすも調べます。

HiZ-GUNDAM の特徴は、2つの目を持つことです。広い範囲をとらえるX線モニターでいち早くガンマ線バーストをとらえ、赤外線望遠鏡でその光をとらえます。そして即座に世界中の地上の大型望遠鏡観測チームや軌道上の天体観測網に知らせるのです。

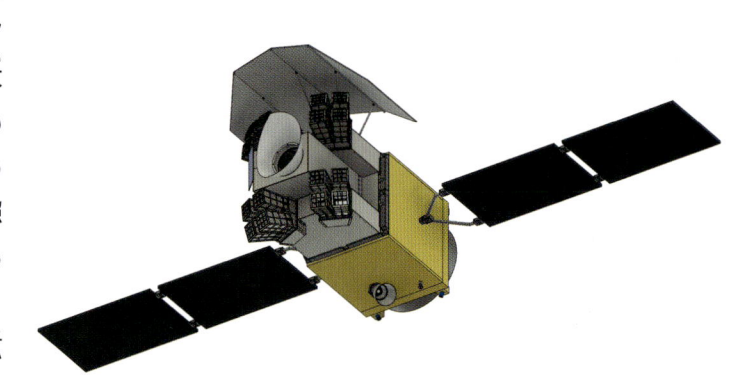
HiZ-GUNDAM のイメージ。

ガンマ線バーストはとても明るい反面、すぐに暗くなってしまうので、短時間で素早く観測しなければいけないんだって。

ガンマ線バーストのイメージ。大質量の星が爆発する際に発生した高エネルギーのジェットが地球にほぼ直接向かうと、ガンマ線バーストが観測される。
©NASA/Swift/Cruz deWilde

紫外線で生命のなぞにせまる
高精度紫外線宇宙望遠鏡
LAPYUTA
ラピュタ

★基礎データ★

●主な目的：太陽系の惑星・衛星や太陽系外惑星（系外惑星）に生命が存在する可能性をさぐること
●大きさ：約60cm（望遠鏡の主鏡直径）
●打ち上げ目標：2033年度以降

 惑星や衛星での生命の可能性を調査

LAPYUTAは、日本が計画する次世代の紫外線宇宙望遠鏡です。直径60cmの紫外線宇宙望遠鏡を使って、いまだ解決されていない宇宙のなぞにいどみます。その一つが、太陽系内の衛星の調査です。たとえば木星の衛星エウロパは氷でできていて地下には水もあります。そのような衛星に生命が存在できる環境があるのかをさぐります。

ほかには、太陽系以外の惑星の観測も注目されています。LAPYUTAは、太陽系外惑星（系外惑星）の大気や表面の環境を調べることができます。もしかすると、地球にそっくりな惑星が見つかるかもしれません。

また LAPYUTA は、金や銀などの重たい元素ができる中性子星を調べることで、元素ができるしくみの解明にもいどみます。

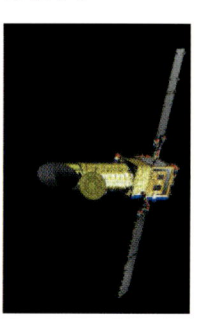

LAPYUTAのイメージ。
© 東北大学／JAXA

LAPYUTAによって、宇宙の歴史を理解するうえで重要な手がかりが得られる可能性があるんだ。

LAPYUTAは地球以外に生命がいられる環境はあるのかをさがすんだね。

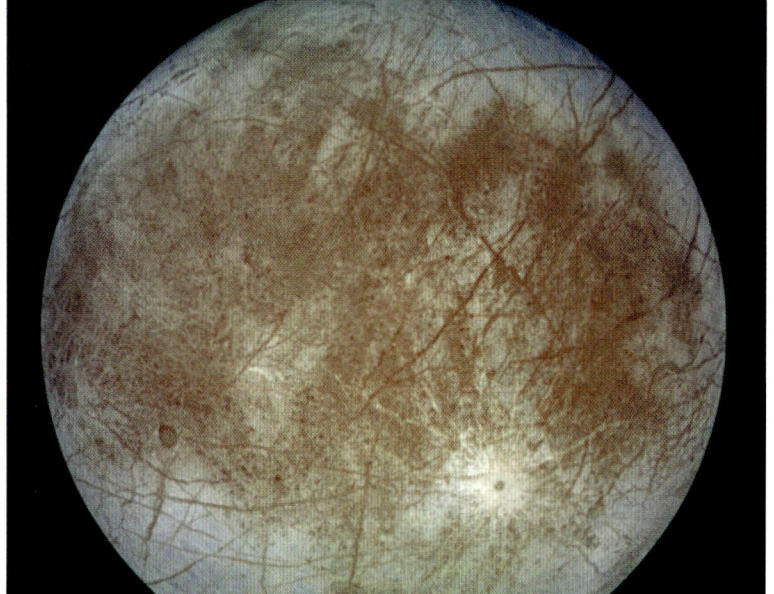

LAPYUTAが調査をおこなう予定の、木星の衛星エウロパ。直径は約3120kmと地球の月とほぼ同じ大きさで、画像はNASA（アメリカ航空宇宙局）の木星探査機ガリレオが撮影したもの。
©NASA/JPL-Caltech/DLR

Hera

★基礎データ★

● 主な目的：小惑星衝突機が衝突した小惑星のくわしい観測と、宇宙防災技術の実証
● 大きさ：11.5m（太陽電池パネル展開時）
● 重さ：約1080kg
● ロケット：ファルコン9（アメリカ）
● 打ち上げ日：2024年10月7日
● 目標到達日：2026年度（予定）

地球に接近する可能性のある小惑星の内部を調査することも、Heraの大きな目的の一つだよ。

Hera探査機のイメージ。
©ESA-Science Office

小惑星に探査機を衝突させる世界初の国際プロジェクト

Hera は ESA（ヨーロッパ宇宙機関）が主導し、日本の宇宙航空研究開発機構（JAXA）も参加する二重小惑星の探査計画です。NASA（アメリカ航空宇宙局）の DART による小惑星衝突実験と連動した国際プロジェクトでもあります。

Hera 探査機は 2024 年 10 月、二重小惑星ディディモスとその衛星ディモルフォスに向け、スペース X 社（アメリカ）のロケット、ファルコン 9 で打ち上げられました。

DART は Hera に先んじて 2021 年に打ち上げられ、2022 年にディモルフォスへ衝突し、史上初となる小惑星の軌道変更に成功しました。Hera 探査機はディモルフォスへ向かい、衝突によって生まれた軌道のずれや、できたばかりのクレーターのようすをさぐります。

進化した新型カメラで小惑星の内部を調査

小惑星が地球に衝突する可能性があると判明したとき地球を守るためには、その小惑星に何かを衝突させて、軌道を変えなければなりません。Hera の目的の一つは、DART の衝突によって変わった小惑星の軌道や自転の状態、衝突によってできたクレーターの形や大きさをくわしく調べることにあります。またもう一つの目的は、小惑星イトカワを調査した日本の小惑星探査機「はやぶさ」（→1巻27ページ）と同じように、小惑星の内部を調べることです。

Hera 探査機には、日本の大学が金星探査のために開発したものをベースに、それを発展させた最新鋭の熱赤外カメラ TIRI が搭載されています。TIRI は小惑星探査機「はやぶさ2」（→1巻24ページ）に使われた熱赤外カメラを進化させたカメラで、熱をはかることで表面の物質のようすを調べます。

DART の衝突によってできたクレーターは、地下にある物質がむきだしになっていると考えられます。そのため、小惑星内部にのこされた、星の進化や太陽系の成り立ちを理解する重要な証拠が得られると期待されています。

2024 年 10 月 7 日、アメリカ・フロリダ州のケープカナベラル宇宙軍施設から、スペース X 社のファルコン 9 ロケットで Hera 探査機が打ち上げられた。
©ESA-S.Corvaja

地球を守る活動は「プラネタリ・ディフェンス」とよばれ、史上初の本格的な宇宙防災として注目されているんだって！

二重小惑星ディディモスとディモルフォスに接近し、衝突を試みる DART のイメージ。ディディモスは直径約 780m、ディモルフォスは直径約 160m。
©NASA

長周期彗星探査計画
Comet
Interceptor
コメット
インターセプター

ESAが親機と子機1機を開発し、もう一つの子機の開発は日本が担当するよ。

彗星をむかえて観測するComet Interceptorのイメージ。
©ESA

太陽系のはてから飛んでくる彗星の初観測をねらう

Comet Interceptorは、遠くからやってくる彗星をねらって観測する国際的な探査計画です。ESA（ヨーロッパ宇宙機関）が主導し、日本も参加しています。これまで観測された彗星の多くは、太陽に何度も近づいたことのある彗星でした。太陽系のはて、海王星の軌道の外側には「エッジワース・カイパーベルト」とよばれる彗星の「巣」があります。そこから太陽の近くにやってきては帰る彗星は「短周期彗星」とよば

れ、太陽に近づくことが事前にわかっているため、観測しやすいのです。

さらに遠く太陽系のはてにある「オールトの雲」からくる彗星が、現在注目されています。「長周期彗星」とよばれ、太陽の近くにめったにやってこない彗星です。Comet Interceptorは長周期彗星をねらって観測し、太陽系誕生の秘密をさぐろうとしています。

1996年に地球に接近した百武彗星は長周期彗星の一つ。次に地球にやってくるのは約7万2000年後と推定されている。
写真提供：アフロ

約76年おきに地球に接近するハレー彗星は、短周期彗星なんだって。

彗星が飛んでくるのを宇宙で待ちぶせ

　探査機の打ち上げには時間がかかります。彗星を見つけてから打ち上げを計画するのでは間に合いません。そこでComet Interceptorは、地球から150万kmはなれた「ラグランジュ点L2」という特別な位置で、彗星がくるのを待ち受ける計画です。Comet Interceptorの探査機は2つの小型探査機（子機）をふくめた3機体制で、彗星に近づき3方向から写真を撮影したり、成分を分析したりする予定です。

　まだ人類が観測したことのない長周期彗星には、太陽や惑星が誕生したころの情報がのこっていると考えられています。太古の地球には、飛来した彗星によって水や生命の材料がもたらされたとする説もあります。Comet Interceptorが太陽系のはてからくる天体を調べることで、その説の証拠をつかむことが期待されています。

太陽
海王星
エッジワース・カイパーベルト
長周期彗星の軌道
オールトの雲

国立天文台　天文情報センター

海王星の軌道の外側に円盤のようにエッジワース・カイパーベルトが広がり、その先にはオールトの雲がある。エッジワース・カイパーベルトとオールトの雲は、彗星の発生源と考えられている。
© 国立天文台　天文情報センター

■ラグランジュ点の位置

　ラグランジュ点とは、太陽と地球のたがいの引力と遠心力がつり合う特殊な場所で、人工衛星などの小さな物体はほとんど影響を受けずとどまることができる。Comet Interceptorは、右図のL2の位置で彗星を待ち受ける。

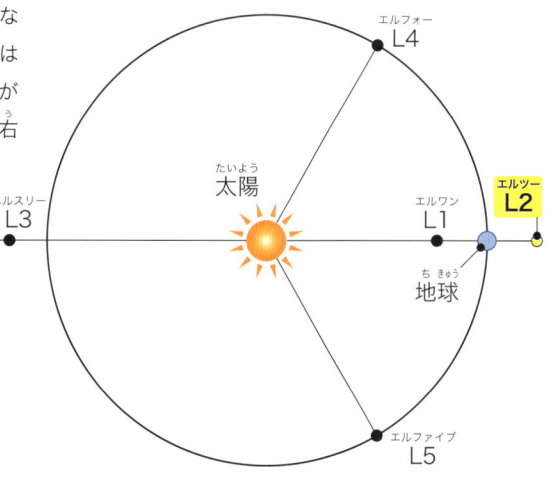

L4
太陽
L3
L1
L2
地球
L5

Comet Interceptorは、太陽系外からやってくる天体を観測のターゲットにする可能性もあるんだって。

土星衛星タイタン離着陸探査機計画
Dragonfly
ドラゴンフライ

★基礎データ★

- ●主な目的：土星の衛星タイタンの環境を調査し、太陽系の生命の起源を解き明かすこと
- ●大きさ：約3.85m　●重さ：約875kg
- ●ロケット：ファルコンヘビー（アメリカ。予定）
- ●打ち上げ目標：2028年度ごろ

アメリカと日本だけでなく、フランスやドイツの宇宙機関とも協力しておこなうミッションだよ。

土星の衛星タイタンの地表付近を飛行するDragonflyのイメージ。
©NASA/Johns Hopkins APL/Steve Gribben

ドローンで生命の証拠をさがしだす

Dragonflyは、土星の衛星タイタンを調べるNASA（アメリカ航空宇宙局）のミッションです。Dragonflyは8つのプロペラを持ったドローンで、全長3.85mほどの大きさです。タイタンが厚い大気を持つことを利用し、史上はじめて離着陸できるドローンを使って、くわしくタイタンのようすを調べます。Dragonflyはタイタンの空を飛びまわり、いろいろな場所におり立って、表面の成分を分析するのです。

そのほか、Dragonflyはタイタンの天気も調査します。タイタンの厚い大気にはメタンが存在し、雲ができ雨がふります。また、内部には液体の水があります。タイタンの環境において、生命の誕生に必要な材料をさがします。

NASAの土星探査機カッシーニの観測データから想像される、タイタンの北極付近の湖の風景。地下の液体窒素があたためられて蒸気に変わって膨張したときに形成された爆発クレーターである可能性が高いと考えられている。
©NASA/JPL-Caltech

極寒の地でも動く日本独自の地震計

日本の宇宙航空研究開発機構（JAXA）は、地震計の開発や科学研究でDragonflyに参加します。JAXAは月探査のために開発した技術を利用し、タイタンで探査できるよう－180℃という極寒の環境でも動く小型地震計の開発をおこなっています。小型地震計でタイタンの地面の振動をはかることで、地下にある氷の海の構造を調べる計画です。

タイタンは地球よりも大気がこく、重力は地球の7分の1ほどしかありません。実はこれはドローンにとっては飛行しやすい環境です。ただし地球から距離があり、情報が届くのに時間がかかるので、飛行中のドローンに地球から指示をすることはできません。そのため、Dragonfly自身がカメラでとらえた障害物をさけ、自分で着陸地点の安全を判断するように設計されています。計画ではDragonflyは、2年半ほどのミッション期間中に170km以上の移動をおこなう予定です。

NASAの土星探査機カッシーニが2015年11月に撮影した、タイタンの赤外線画像。
©NASA

Dragonflyは時速30kmほどで飛行して、タイタンの地形や成分、天気などを調査するんだって。

タイタンの地表におり立ったDragonflyのイメージ。
©NASA/Johns Hopkins APL/
Steve Gribben

「宇宙旅行時代」がやってくる？

🌙 宇宙旅行は夢じゃない！

　民間人の宇宙旅行のはじまりは、2001年にアメリカの実業家デニス・チトーが国際宇宙ステーション（ISS）に滞在したことでした。2004年にはアメリカのスペースシップワンが民間の宇宙船としてはじめて高度100kmの宇宙空間に到達し、宇宙旅行の可能性を広げました。

　2021年には民間企業が相次いで、旅行客を乗せた宇宙旅行（サブオービタル飛行*）を成功させました。とくにアメリカのブルーオリジン社は、創業者ジェフ・ベゾス（Amazonの創業者の1人）がみずから宇宙船に搭乗したことでも注目を集めました。

　同じ2021年にはスペースX社（アメリカ）も、旅行客を地球周回軌道に3日滞在させる「インスピレーション4」という宇宙旅行ツアー（オービタル飛行*）を実現しています。

＊サブオービタル飛行：地上から高度100km程度の宇宙空間まで上昇して地球に帰る飛行。
＊オービタル飛行：地球をまわる軌道に入る飛行。

民間企業初の有人宇宙飛行を実現したスペースシップワン。
©SCALED COMPOSITES/Science Photo Library/アフロ

すでに宇宙旅行は夢ではなく現実のものとなっていますが、宇宙旅行は高額で、1回の飛行で数千万円から数十億円の費用がかかります。

> オービタル飛行の宇宙旅行ツアーでは事前に十分な訓練が必要で、安全に宇宙旅行するためにはまだ課題も多いんだ。

インスピレーション4で、はじめて民間人だけによる「宇宙旅行」を成功させたスペースX社の宇宙船クルードラゴン・レジリエンス。
©NASA

宇宙旅行時代の課題と未来

宇宙旅行がさらに身近なものになるためには、こうした費用の大幅な削減が欠かせません。そこで、再利用可能なロケット技術や新たな推進システムの開発などがおこなわれ、宇宙旅行にかかるお金を安くする努力がつづけられています。安全性の確保も課題です。宇宙空間は過酷な環境で、とくに打ち上げや再突入時には危険性が高まるため、徹底した安全対策が必要です。また宇宙ごみ（スペースデブリ）の増加への対策や、地球環境への配慮なども求められています。

それでも現在は、多くの民間企業が参加することで開発のスピードがましています。まもなく宇宙ホテル（→ 25 ページ）の建設がはじまり、有人月面探査などの開発がさらに進むことで、月面旅行や火星旅行なども現実的になっていくことが期待されています。将来、今よりも気軽に宇宙旅行ができる時代がきっとやってくるでしょう。

運用を終えた人工衛星やその部品、破片などが宇宙ごみとなって地球のまわりにふえていることが問題になっているんだ。

Note: Artist's impression; size of debris exaggerated as compared to the Earth

地球の周囲、高度 2000km 以下の軌道にただよう宇宙ごみのイメージ。©ESA

月や火星に街をつくる計画も進んでいるよ。月や火星に住む人のもとに、ロケットに乗って遊びに行く未来がやってくるかもしれないね。

アメリカ、ヨーロッパ、日本などの国際的な協力のもとで進められているアルテミス計画（→ 19 ページ）の、月面基地の想像図。太陽電池による発電、温室での食料生産、移動式 3D プリンターによる施設の建設などが想定されていて、宇宙旅行だけでなく、人類の宇宙でのさまざまな活動の拠点となることが期待されている。©ESA-P.Carril

Nancy Grace Roman
（ナンシー　グレース　ローマン）

宇宙望遠鏡Roman
（うちゅうぼうえんきょう　ローマン）

★基礎データ★

●主な目的：ダークエネルギーなど宇宙の
　未知のエネルギーの解明、太陽系外惑星
　（系外惑星）の探索
●大きさ：約2.4m（望遠鏡の主鏡直径）
●ロケット：ファルコンヘビー（アメリカ。予定）
●打ち上げ目標：2026年度ごろ

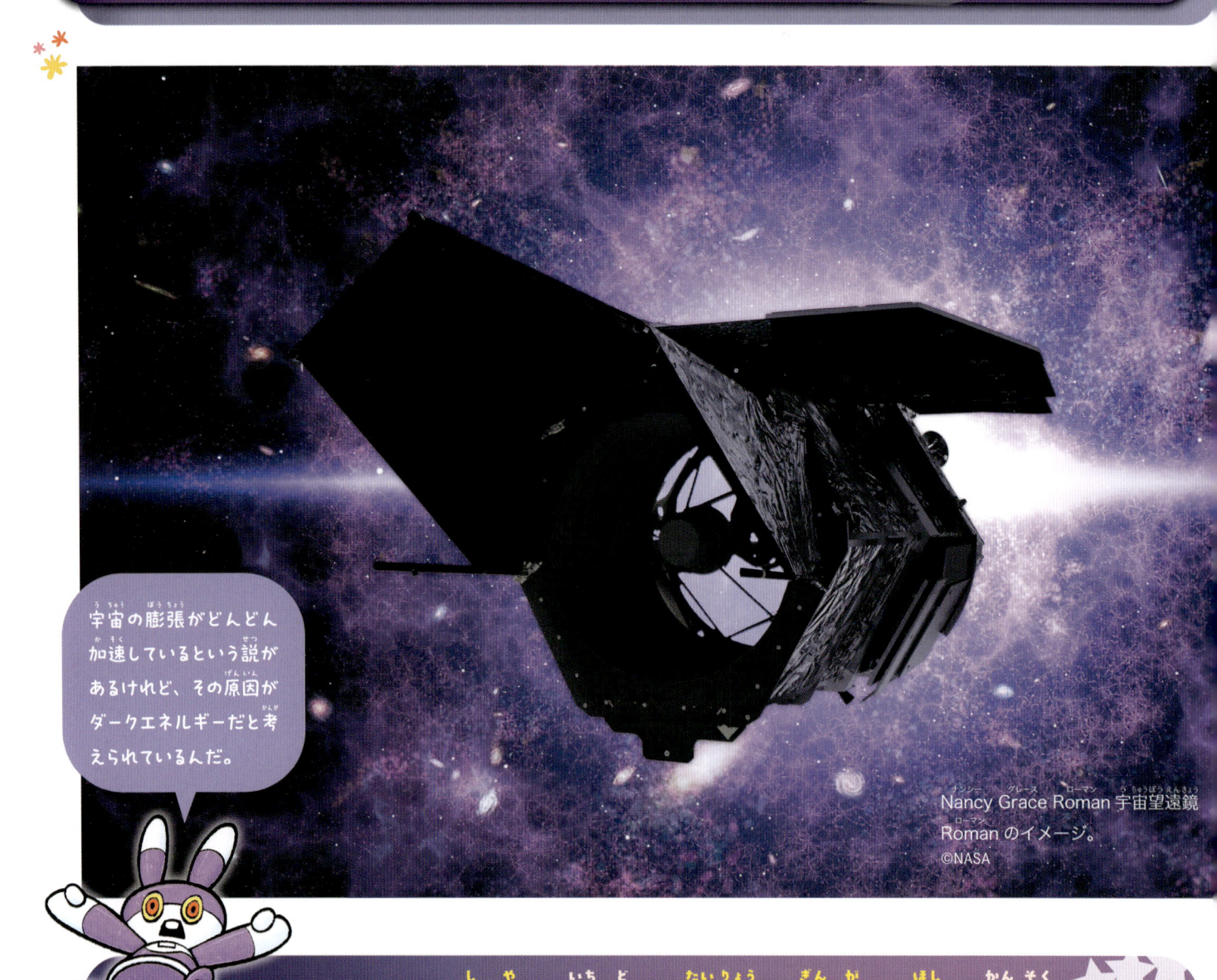

宇宙の膨張がどんどん加速しているという説があるけれど、その原因がダークエネルギーだと考えられているんだ。

Nancy Grace Roman 宇宙望遠鏡 Roman のイメージ。
©NASA

けたちがいの視野で一度に大量の銀河や星を観測

Nancy Grace Roman 宇宙望遠鏡 Roman は、NASA（アメリカ航空宇宙局）が開発する直径2.4mの大型宇宙望遠鏡です。Roman の大きな特徴は、その広い視野です。これまで天体の姿をあざやかにとらえてきたハッブル宇宙望遠鏡と同じくらいの能力を持ちながら、200倍もの広い範囲を一度に観測することができます。広い視野を生かして、数

億個の銀河や数千個の超新星の観測をおこなうのです。
　Romanの観測を通じて、「宇宙がどのように膨張してきたのか」を解き明かし、宇宙に広がるなぞのエネルギー「ダークエネルギー」の正体にせまります。また数千個にもおよぶ太陽系外惑星（系外惑星）をさがし、その姿をとらえることで、地球に似た惑星をさがします。

太陽の明るさの 10 億分の1の惑星を見つけだす

Romanの中でとくに注目されているのが「コロナグラフ装置」です。コロナグラフ装置は、明るい星の光をかくすことで、そのまわりにある暗い惑星を見えやすくする装置です。太陽がまぶしいとき、手のひらをかざして光をさえぎるとまわりが見えやすくなるのと似たしくみです。

Romanのコロナグラフ装置は、ただ光をさえぎるのではなく、望まない光を補正する特殊な機能を持つため、より弱い光の暗い星をとらえられるようになります。これまで観測がむずかしかった、恒星（太陽のようにみずから光る星）の10 億分の1の明るさの惑星まで検出できるようになると期待されているのです。

宇宙航空研究開発機構（JAXA）をはじめとする日本の研究チームは、コロナグラフ装置の一部を開発しています。ほかにも日本は、膨大な量になると見込まれるデータ受信を支援する予定です。

> 日本のすばる望遠鏡（→2巻43ページ）とも協力して、観測する計画があるみたいだよ。

コロナグラフ装置。日本からは、主に光学素子（レンズなど）の提供などをおこなう。
©Chris Gunn／NASA JPL

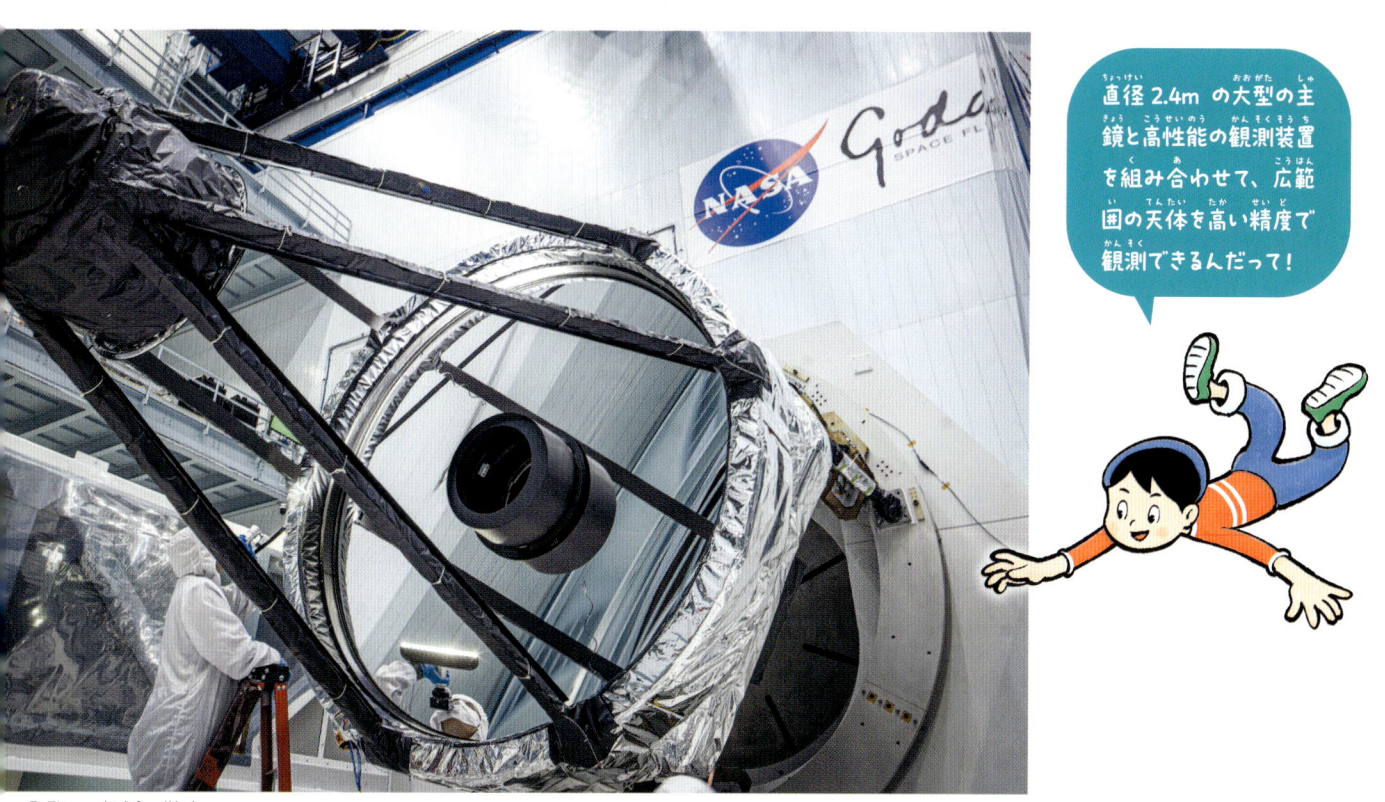

> 直径 2.4m の大型の主鏡と高性能の観測装置を組み合わせて、広範囲の天体を高い精度で観測できるんだって！

Romanの主鏡を検査しているようす。
©NASA／Chris Gunn

1000個の惑星を調べる
系外惑星大気赤外線分光サーベイ衛星計画
Ariel
アリエル

★基礎データ★
- 主な目的：太陽系外惑星（系外惑星）の大気調査
- 大きさ：約1m（望遠鏡の主鏡）
- ロケット：アリアン6（予定）
- 打ち上げ目標：2029年度ごろ

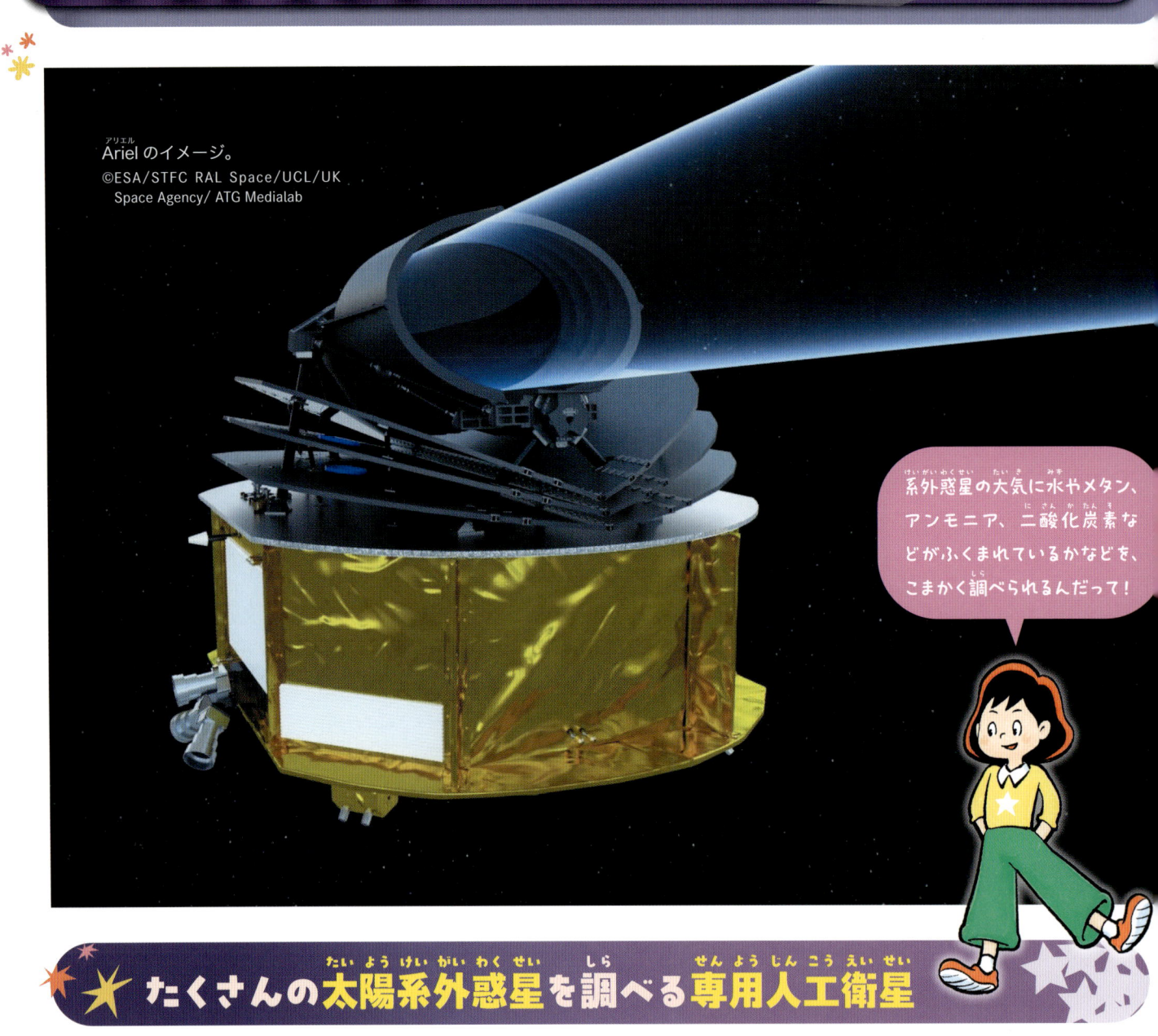

Ariel のイメージ。
©ESA/STFC RAL Space/UCL/UK Space Agency/ ATG Medialab

系外惑星の大気に水やメタン、アンモニア、二酸化炭素などがふくまれているかなどを、こまかく調べられるんだって！

たくさんの太陽系外惑星を調べる専用人工衛星

Ariel は ESA（ヨーロッパ宇宙機関）が主導する、太陽系外惑星（系外惑星）の大気成分の観測に世界ではじめて特化した宇宙望遠鏡計画です。これまで、NASA（アメリカ航空宇宙局）が打ち上げた宇宙望遠鏡ケプラーやTESS などによって、太陽系の外にもたくさんの惑星が存在することがわかっています。しかしそれらの惑星がどういう星で、ど

うやってできたのかは、くわしくわかっていません。
そこで Ariel は、特徴的なだ円形の主鏡を持つ宇宙望遠鏡を使い、系外惑星の大気の成分を調べます。Ariel は約1000個もの、さまざまなタイプの系外惑星を調査する予定です。日本は装置の一部の開発や、データ解析などで協力します。

地球そっくりな惑星の発見をめざす
国際紫外線天文衛星
WSO-UV
ダブリュー　エス　オー　　　ユー　ブイ

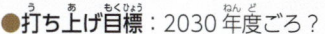

★ 紫外線で太陽系外の惑星をくわしく調査

WSO-UVは、ロシアが主導する大型紫外線宇宙望遠鏡です。計画では直径1.7mの主鏡を持つ大型の紫外線宇宙望遠に、日本が開発する高感度の紫外線分光器UVSPEXを搭載します。UVSPEXは、地球にそっくりな太陽系外惑星（系外惑星）を世界ではじめて見つけることをめざします。

太陽系の外にあるたくさんの惑星の中には、地球に似ていると推測される惑星もあります。しかし、こうした系外惑星の大気などの環境はまだくわしく調べられていないため、本当に地球に似ているのかはわかりません。そこでUVSPEXによって系外惑星の大気を紫外線で調べ、成分や広がりなどの特徴を調べます。系外惑星からのわずかな光をとらえることで、これまでわからなかった大気のようすをさぐり、地球にそっくりな惑星をさがしだそうとしているのです。

WSO-UVの模型。

2025年現在、ロシアをめぐる情勢が不安定で計画は中断状態なんだ。早く平和がもどって、開発が再開されるといいね。

半径が地球の約1.06倍とほぼ同じで、現在見つかっている中でもっとも地球に似ているといわれる系外惑星のケプラー1649c。
©NASA/Ames Research Center/Daniel Rutter

もう一つの次世代宇宙望遠鏡計画
Habitable Worlds Observatory (HWO)

宇宙の起源や進化のなぞをさぐり、地球外生命の探索をめざす国際的な宇宙望遠鏡計画があります。それが、ジェイムズ・ウェップ宇宙望遠鏡（→19ページ）につづくNASAの大型宇宙望遠鏡計画 Habitable Worlds Observatory（HWO）で、日本も参加を検討しています。地球に似た、生命が存在できる環境を持つ惑星を特定し、その惑星を直接観測することで酸素やメタンなどの生命活動をしめす痕跡をさがします。生命が存在できる可能性のある惑星を少なくとも25個調査する予定で、2040年代の打ち上げをめざしています。

SFの技術が現実になる!?

SFはScience Fictionの略で、空想科学という意味。主に映画や小説、アニメなどのジャンル名に使われることが多い言葉だよ。

実現してきたSF技術

世界にないものを思いえがく人間の想像力も、それを実現してしまう人間の開発力もすごいんだね。

今から150年以上前、フランスのSF作家ジュール・ベルヌは「人間が想像できることは必ず実現できる」と書いたといわれています。その言葉通り、かつてSFの世界でしか見られなかった多くの技術が現実のものとなっています。たとえば、今では生活に欠かせないスマートフォンやタブレット、スマートウォッチなどは、かつて映画や小説・マンガの世界のものでした。世界初の携帯電話の開発者は、SF映画『スター・トレック』に登場する通信機をきっかけに携帯電話を開発したと語っています。

一方、SF作品には「宇宙戦争」がつきものですが、現実の世界でも、宇宙の軍事利用の流れは起きています。2019年にアメリカでは宇宙軍が設立されるなど、世界のほかの国でも宇宙防衛のための組織をつくる動きが進んでいます。

ベルヌが19世紀後半に発表したSF小説『月世界旅行』の挿絵。巨大な砲弾を宇宙船として利用し、月に向かうようすがえがかれている。

2024年12月、在日アメリカ軍横田基地（東京都）で、在日アメリカ宇宙軍の発足式がおこなわれた。
©USSF

未来には実現する !?　夢の技術

宇宙開発の分野で、今後、実用化が期待されるSF技術は数多くあります。たとえば宇宙の構造物と地球をケーブルでむすぶ「宇宙エレベーター」は、実現すれば低コストで安全に宇宙と地球を行き来できるようになるかもしれません。アメリカのスペースX社は地球の危機にそなえて、火星に移住する計画を立てています。これはまさにSFでえがかれてきたテラフォーミング（惑星地球化計画）の実現といえます。

SFのような宇宙人との交流は実現できるかはわかりませんが、地球外生命の探索は着実に進んでいます。1977年に打ち上げられ、太陽系の外へと進むアメリカのボイジャー探査機には、宇宙人へのメッセージや音楽がのせられています。もしかしたら将来、宇宙人から返事がくる可能性もあるかもしれません。

しかしこうした夢のような未来は、世界の平和なしには実現できません。宇宙エレベーターも火星の街も、建設するためには世界各国の協力が必要です。将来、月や火星の資源をめぐる争いが起きないように国際的な取り決めも欠かせません。宇宙開発や技術のさらなる発展には、世界が手をたずさえることがますます大切になっていきます。

地球と宇宙の間をケーブルでつないだ「宇宙エレベーター」。電車で移動するように宇宙と地球との行き来が可能な輸送手段と考えられている。
© 大林組

段階的にテラフォーミングを進めた火星の想像図。
©NASA

太陽系の外へ向かう2機のボイジャー探査機にのせられた「ゴールデンレコード」。地球やその文化についての音声や画像がおさめられており、宇宙に存在するかもしれない未知の知的生命体や未来の人類によって解読されることが期待されている。
©NASA/JPL-Caltech

今はまだ実現していない技術も未来には実現して、もしかしたら宇宙人との交信もできるかも !?

★さくいん★

🪐 **監修　中村 正人**（なかむら まさと）

1959年、長野県生まれ。理学博士。東京大学地球物理学専攻博士課程修了。マックスプランク研究所（ドイツ）研究員、文部省宇宙科学研究所助手、東京大学助教授、宇宙航空研究開発機構（JAXA）・宇宙科学研究所教授をへて、2025年現在はJAXA名誉教授。金星探査機「あかつき」の衛星主任をつとめた。

🪐協力
笠原慧、河北秀世、亀田真吾

🪐編集
株式会社アルバ

🪐イラスト
クリハラタカシ、したたか企画

🪐執筆協力
伊原彩

🪐デザイン・DTP
門司美恵子、田島望美（チャダル108）

🪐校正・校閲
ペーパーハウス

🪐写真協力
Adobe Stock、アフロ、ESA、宇宙航空研究開発機構（JAXA）、大林組、金沢大学理工研究域先端宇宙理工学研究センター、国立天文台、清水建設、Shutterstock、NASA

宇宙のなぞを解き明かせ！　日本の探査機と宇宙開発技術3

挑戦！ 国際協力と宇宙開発の未来

2025年4月　初版発行

発行者　　岩本邦宏
発行所　　株式会社教育画劇
　　　　　住所　〒151-0051 東京都渋谷区千駄ヶ谷5-17-15
　　　　　電話　03-3341-3400（営業）
　　　　　　　　03-3341-1458（編集）
　　　　　https://www.kyouikugageki.co.jp
印　刷　　株式会社 広済堂ネクスト
製　本　　大村製本株式会社

NDC538/48P/28×21cm　ISBN978-4-7746-2346-7（全3冊セットコードISBN978-4-7746-3325-1）